Lagrange - Methode einfach erklärt

Diplom-Volkswirt
Gregor Sparfeld

Lagrange - Methode einfach erklärt

Anwendungsorientierte Aufgaben
mit kompletten Lösungswegen
zur Klausurvorbereitung

Bibliografische Information der Deutschen Nationalbibliothek: Die Deutsche Nationalbibliothek verzeichnet diese Publikation in der Deutschen Nationalbibliografie; detaillierte bibliografische Daten sind im Internet über www.dnb.de abrufbar.

© 2017 Gregor Sparfeld

Herstellung und Verlag
BoD – Books on Demand, Norderstedt

ISBN: 978-3-7347-6390-8

Vorwort

Dieses Buch richtet sich an Studierende der wirtschaftswissenschaftlichen Studiengänge von Hochschulen, Universitäten und Akademien sowie an Praktiker. Es eignet sich ebenso für die Bedürfnisse von Vollzeit und berufsbegleitenden Studierenden wie für Studierende der dualen Studiengänge.

Auf verständliche und leicht nachvollziehbare Weise werden die im Bachelor-Studium notwendigen Kenntnisse zur Lösung von Maximierungs- und Minimierungsaufgaben nichtlinearer Funktionen unter einer Nebenbedingung anhand der Lagrange-Methode vermittelt. Hierzu werden anwendungsbezogene Aufgaben aus den Bereichen der Mathematik und der Mikroökonomie ausführlich und plausibel diskutiert.

Das vorliegende Kurzlehrbuch ist damit insbesondere für die Klausurvorbereitung geeignet.

Gregor Sparfeld ist Diplom-Volkswirt und arbeitet als Hochschuldozent in Hamburg. Er hat seine langjährigen Erfahrungen aus mathematischen und volkswirtschaftlichen Lehrveranstaltungen in dieses Buch einfließen lassen und weiß dank seiner praxisorientierten Dozententätigkeit um die Notwendigkeit einer pragmatischen Herangehensweise an wissenschaftliche Fragestellungen.

Viel Spaß beim Lesen und Bearbeiten der Aufgaben!

Hamburg, im August 2017

Inhaltsverzeichnis

1. **Einführung in die grundlegende Problemstellung....** 1

2. **Mathematische Anwendungen zur Optimierung......** 9

   2.1 Übungsaufgabe 1 9
   2.2 Übungsaufgabe 2 12
   2.3 Übungsaufgabe 3 16
   2.4 Übungsaufgabe 4 21

3. **Mikroökonomische Anwendungen......................** 26

   3.1 Anwendungen der Haushaltstheorie.................... 27

       3.1.1 Nutzenmaximierung...................................... 27
       3.1.2 Ausgabenminimierung.................................. 31

   3.2 Anwendungen der Unternehmenstheorie.............. 35

       3.2.1 Maximalproduktkombination........................ 35
       3.2.2 Minimalkostenkombination........................... 40

4. **Praktische Anwendungen aus der Geometrie.........** 45

   4.1 Optimierung der Fläche eines Blumenbeetes......... 45
   4.2 Optimierung bei der Konservendosenproduktion..... 49

1. Einführung in die grundlegende Problemstellung

Eine Vielzahl von wirtschaftswissenschaftlichen Anwendungen erfordert die Bestimmung von Extremwerten einer Funktion mit mehreren unabhängigen Variablen unter gleichzeitiger Berücksichtigung von Nebenbedingungen.

Ein einfaches Beispiel aus der Mikroökonomie soll die Problemstellung veranschaulichen:

Ein Haushalt habe die Nutzenfunktion $U(x,y) = 30 \cdot x^{\frac{1}{4}} \cdot y^{\frac{3}{4}}$. Der Haushalt möchte nach der Haushaltstheorie der Mikroökonomie seinen Nutzen maximieren. Allerdings verfügt der Haushalt nur über ein beschränktes Budget in Form seines Einkommens. Das Einkommen beträgt 160 GE (Geldeinheiten). Die Preise der beiden Güter x und y lauten 16 € und 3 €.

Welche Mengen der Güter x und y wird der Haushalt konsumieren, um seinen Nutzen zu maximieren und gleichzeitig die Budgetrestriktion des Einkommens einzuhalten?

Für die Lösung derartiger Aufgabenstellungen bieten sich prinzipiell zwei Lösungsmöglichkeiten an. Bei der **Substitutionsmethode** wird die Nebenbedingung nach einer Variablen aufgelöst und in die Zielfunktion eingesetzt. Mit Hilfe der Differenzialrechnung lässt sich dann ein Extremwert bestimmen. Lässt sich die Nebenbedingung nicht nach einer Variablen auflösen, weil sie eventuell nicht linear ist, dann bietet sich die Lösungsmöglichkeit mit der **Lagrange-Methode** an. Dazu wird das ursprüngliche Extremwertproblem in ein neues Extremwertproblem umgewandelt, welches die geforderten Nebenbedingungen implizit enthält.

Wir beschränken uns im Folgenden auf die Diskussion von Funktionen mit zwei unabhängigen Variablen und einer Nebenbedingung. Darüber hinaus hat sich die Lagrange-Methode als Lösungsverfahren in der Wirtschaftswissenschaft etabliert. Insbesondere Extremwertaufgaben in der Mikroökonomie werden mit diesem Vorgehen gelöst. Dabei werden zumeist nur die notwendigen Bedingungen für ein Extremum bestimmt. Die sogenannten hinreichenden Bedingungen werden oft nicht betrachtet. Stattdessen erfolgen meist Plausibilitätsüberlegungen.

Dazu werden im zweiten Kapitel vier Übungsaufgaben detailliert anhand der Lagrange-Methode gelöst. Im dritten Kapitel werden Übungsaufgaben aus der Haushalts- und Unternehmenstheorie besprochen. In Kapitel vier wird das Lösungsverfahren bei geometrischen Optimierungsproblemen erläutert.

Die Ermittlung der Lösung erfolgt nach folgendem Schema:

1. Identifikation von Zielfunktion und Restriktion der Problemstellung

2. Aufstellen der Lagrange-Funktion

3. Bestimmung der partiellen Ableitungen erster Ordnung

4. Aufstellen eines Gleichungssystems durch Nullsetzen der partiellen Ableitungen

5. Lösen des Gleichungssystems. Die Lösungen geben die Stellen an, an denen die Extremwerte liegen können

Lösung der Beispielaufgabe:

1. Identifikation von Zielfunktion und Restriktion der Problemstellung

Die Zielfunktion lässt sich daran erkennen, dass in der Problemstellung eine Zielgröße minimiert oder maximiert werden soll. In unserem Beispiel ist die Nutzenfunktion zu maximieren.

$$U(x,y) = 30 \cdot x^{\frac{1}{4}} \cdot y^{\frac{3}{4}}$$

Als nächstes sind die Nebenbedingungen oder Restriktionen zu identifizieren. Da der Haushalt über ein beschränktes Budget in Form eines Einkommens von 160 GE verfügt, lässt sich zusammen mit den Güterpreisen der beiden Konsumgüter die sog. Budgetgleichung erstellen. Es gilt:

$$16 \cdot x + 3 \cdot y = 160$$

Die Budgetgleichung besagt, dass der Haushalt sich die beiden Güter x und y zu den Preisen von 16 GE und 3 GE kaufen kann, sofern das Budget von 160 GE nicht überschritten wird.

2. Aufstellen der Lagrange-Funktion

Aus der Zielfunktion und der Nebenbedingung aus dem ersten Schritt wird jetzt die sogenannte Lagrange-Funktion $L(x,y,\lambda)$ aufgestellt:

$$L(x,y,\lambda) = f(x,y) + \lambda \cdot g(x,y)$$

Die Lagrange-Funktion setzt sich zusammen aus einer Zielfunktion $f(x,y)$ und der Nebenbedingung $g(x,y)$. Die Zielfunktion entspricht hier der Nutzenfunktion $U(x,y)$:

$$f(x,y) = 30 \cdot x^{\frac{1}{4}} \cdot y^{\frac{3}{4}}$$

Dabei wird die Nebenbedingung $g(x,y)$ gleich Null gesetzt, das heißt, die Nebenbedingung

$$16 \cdot x + 3 \cdot y = 160$$

wird umgeformt zu folgender Darstellung:

$$160 - 16 \cdot x - 3 \cdot y = 0$$

Damit ergibt sich die Nebenbedingung $g(x,y)$ zu

$$g(x,y) = 160 - 16 \cdot x - 3 \cdot y$$

Setzt man die Elemente der Lagrange-Funktion zusammen, ergibt sich die folgende Darstellung:

$$L(x,y,\lambda) = 30 \cdot x^{\frac{1}{4}} \cdot y^{\frac{3}{4}} + \lambda \cdot [160 - 16 \cdot x - 3 \cdot y]$$

Dabei taucht vor der eckigen Klammer der Buchstabe λ (griechischer Buchstabe) auf. Lambda stellt den sog. Lagrange-Multiplikator dar und ist damit die dritte Variable der Lagrange-Funktion.

3. Bestimmung der partiellen Ableitungen erster Ordnung

Im Rahmen der Bestimmung der gesuchten Lösung werden jetzt die partiellen Ableitungen erster Ordnung nach allen Variablen der Lagrange-Funktion $L(x, y, \lambda)$ gebildet. Dazu wird nacheinander die Lagrange-Funktion nach den Variablen x, y und λ abgeleitet. Die partiellen Ableitungen ergeben sich, wenn die Lagrange-Funktion nach jeweils einer Variablen abgeleitet wird, während alle anderen Variablen konstant gehalten werden. Damit ergeben sich für unser Beispiel folgende partielle Ableitungen erster Ordnung:

$$L'_x(x, y, \lambda) = \frac{30}{4} \cdot x^{-\frac{3}{4}} \cdot y^{\frac{3}{4}} - 16 \cdot \lambda$$

$$L'_y(x, y, \lambda) = \frac{90}{4} \cdot x^{\frac{1}{4}} \cdot y^{-\frac{1}{4}} - 3 \cdot \lambda$$

$$L'_\lambda(x, y, \lambda) = 160 - 16 \cdot x - 3 \cdot y$$

Achtung: Die partielle Ableitung erster Ordnung nach der Variablen λ entspricht exakt dem Ausdruck der eckigen Klammer in der Lagrange-Funktion.

4. Aufstellen eines Gleichungssystems durch Nullsetzen der partiellen Ableitungen

Aus den partiellen Ableitungen aus Punkt 3 wird ein Gleichungssystem bestehend aus drei Gleichungen in drei Variablen x, y und λ erstellt:

$$I. \quad L'_x(x, y, \lambda) = \frac{30}{4} \cdot x^{-\frac{3}{4}} \cdot y^{\frac{3}{4}} - 16 \cdot \lambda = 0$$

$$II.\ L'_y(x,y,\lambda) = \frac{90}{4} \cdot x^{\frac{1}{4}} \cdot y^{-\frac{1}{4}} - 3 \cdot \lambda = 0$$

$$III.\ L'_\lambda(x,y,\lambda) = 160 - 16 \cdot x - 3 \cdot y = 0$$

Die Gleichungen werden jeweils gleich Null gesetzt, um die notwendigen Bedingungen für Extremwerte zu erfüllen.

5. Lösen des Gleichungssystems. Die Lösungen geben die Stellen an, an denen die Extremwerte liegen können

Zur Lösung des Gleichungssystems werden zunächst die Gleichungen I. und II. umgeformt und anschliessend durcheinander dividiert. Dabei wird die Variable λ eliminiert, so dass sich eine Beziehung zwischen den Variablen x und y aufstellen lässt:

$$I.\ \frac{30}{4} \cdot x^{-\frac{3}{4}} \cdot y^{\frac{3}{4}} = 16 \cdot \lambda$$

$$II.\ \frac{90}{4} \cdot x^{\frac{1}{4}} \cdot y^{-\frac{1}{4}} = 3 \cdot \lambda$$

Nach der Division von Gleichung I. und II. ergibt sich folgender Term:

$$\frac{\frac{30}{4} \cdot x^{-\frac{3}{4}} \cdot y^{\frac{3}{4}}}{\frac{90}{4} \cdot x^{\frac{1}{4}} \cdot y^{-\frac{1}{4}}} = \frac{16 \cdot \lambda}{3 \cdot \lambda}$$

Nach entsprechendem Kürzen verbleibt der Term:

$$\frac{30 \cdot x^{-\frac{3}{4}} \cdot y^{\frac{3}{4}}}{90 \cdot x^{\frac{1}{4}} \cdot y^{-\frac{1}{4}}} = \frac{16}{3}$$

Nach Multiplikation beider Seiten mit 3 verbleibt der Ausdruck:

$$\frac{x^{-\frac{3}{4}} \cdot y^{\frac{3}{4}}}{x^{\frac{1}{4}} \cdot y^{-\frac{1}{4}}} = 16$$

Abschliessend lassen sich die Potenzen mit jeweils gleicher Basis zusammenfassen:

$$\frac{y^{\frac{1}{4}} \cdot y^{\frac{3}{4}}}{x^{\frac{1}{4}} \cdot x^{\frac{3}{4}}} = 16$$

$$\frac{y^{\frac{1}{4}+\frac{3}{4}}}{x^{\frac{1}{4}+\frac{3}{4}}} = 16$$

Es ergibt sich ein Verhältnis der Variablen x und y:

$$\frac{y}{x} = 16$$

Mit der Lösung der Gleichungen I. und II. wird nun $y = 16 \cdot x$ in die Gleichung III. eingesetzt, um die finale Lösung des Gleichungssystems zu bestimmen:

$$III.\ 160 - 16 \cdot x - 3 \cdot 16 \cdot x = 0$$

$$160 - 64 \cdot x = 0$$

$$x^* = 2{,}5$$

Die Lösung für x wird in $y = 16 \cdot x$ eingesetzt. Damit ergibt sich für y als Lösung:

$$y^* = 40$$

Setzt man x und y in Gleichung I. ein, ergibt sich für λ:

$$\lambda^* = 3{,}75$$

Die Lösung des Gleichungssystem lautet also:

$$x^* = 2{,}5,\ y^* = 40 \text{ und } \lambda^* = 3{,}75$$

Interpretation der Variablen im Hinblick auf die ursprüngliche Problemstellung:

Der Haushalt wird von Gut x 2,5 ME (Mengeneinheiten) und von Gut y 40 ME konsumieren, um den Nutzen zu maximieren. Die Ausgaben des Haushalts liegen damit bei 2,5 ME x 16 GE + 40 ME x 3 GE = 160 GE. Damit hält der Haushalt im Rahmen seiner Nutzenmaximierung die gegebene Nebenbedingung der Einkommensrestriktion von 160 GE ein.

2. Mathematische Anwendungen zur Optimierung

2.1 Übungsaufgabe 1

In der folgenden Übungsaufgabe geht es wiederum um die Optimierung einer Zielfunktion unter Einhaltung einer gegebenen Nebenbedingung.

Die Zielfunktion lautet: $f(x,y) = x \cdot y$

Nebenbedingung: $x + y = 6$

Bestimmen Sie den Punkt, so dass die Zielfunktion f(x,y) maximal wird, unter Berücksichtigung der Nebenbedingung:

$$x + y = 6.$$

Zur Bestimmung der Lösung mit Hilfe des Lagrange-Methode folgen wir dem obigen Schema.

1. Identifikation von Zielfunktion und Restriktion der Problemstellung

Die Zielfunktion und die Restriktion sind gemäß der Aufgabenstellung bereits gegeben.

Zielfunktion: $f(x,y) = x \cdot y$

Nebenbedingung in der Form $g(x,y) = 0$:

$$g(x,y) = 6 - x - y = 0$$

2. Aufstellen der Lagrange-Funktion

Die Lagrange-Funktion setzt sich aus der Zielfunktion f(x,y), welche maximiert werden soll, und der Nebenbedingung zusammen. Vor der gleich Null gesetzten Nebenbedingung steht der Lagrangemultiplikator λ.

$$L(x, y, \lambda) = x \cdot y + \lambda \cdot [6 - x - y]$$

3. Bestimmung der partiellen Ableitungen erster Ordnung

Es werden die partiellen Ableitungen erster Ordnung bestimmt. Das heißt, es werden die partiellen Ableitungen nach den Variaben x,y und λ gebildet.

$$L_x'(x, y, \lambda) = y - \lambda$$

$$L_y'(x, y, \lambda) = x - \lambda$$

$$L_\lambda'(x, y, \lambda) = 6 - x - y$$

4. Aufstellen eines Gleichungssystems durch Nullsetzen der partiellen Ableitungen

Das Gleichungssystem ergibt sich wie folgt:

$$I. L_x'(x, y, \lambda) = y - \lambda = 0$$

$$II. L_y'(x, y, \lambda) = x - \lambda = 0$$

$$III. L_\lambda'(x, y, \lambda) = 6 - x - y = 0$$

5. Lösen des Gleichungssystems. Die Lösung gibt die Stelle an, an der der Extremwert liegen könnte.

Das Gleichungssystem bestehend aus 3 Gleichungen in 3 Variablen wird jetzt Schritt für Schritt gelöst. Zunächst werden Gleichung I und Gleichung II nach λ aufgelöst:

$$I. \lambda = y$$

$$II. \lambda = x$$

$$III. 6 - x - y = 0$$

Daraus ergibt sich die Identität von x, y und λ.

$$x = y = \lambda$$

Jetzt wird z.B. x in die III. Gleichung eingesetzt:

$$6 - y - y = 0$$

$$6 - 2y = 0$$

$$y^* = 3$$

Wegen der Identität der drei Variablen x,y und λ können wir als Lösung angeben:

$$x^* = 3, \quad y^* = 3, \quad \lambda^* = 3$$

Das Ergebnis lässt sich interpretieren; der Funktionswert an der Stelle P(3,3) beträgt $f(3,3) = 3 \cdot 3 = 9$.

Der Funktionswert ist unter Berücksichtigung der Nebenbedingung, die eine Gerade durch die Punkte (0,6) und (6,0) darstellt, maximal.

2.2 Übungsaufgabe 2

In der folgenden Übungsaufgabe geht es wiederum um die Optimierung einer Zielfunktion unter Einhaltung einer gegebenen Nebenbedingung.

Die Zielfunktion lautet: $z = f(x,y) = 10 - x^2 - y^2$

Nebenbedingung: $y = 4 - x$

Bestimmen Sie den Punkt (die Lösung), so dass die Zielfunktion f(x,y) maximal wird, unter Berücksichtigung der Nebenbedingung:

$$y = 4 - x$$

Zur geometrischen Veranschaulichung stelle man sich einen Paraboloid vor, der nach unten geöffnet ist und seinen höchsten Punkt im Punkt P(0,0,10) besitzt. Die Nebenbedingung lässt sich geometrisch als eine Gerade veranschaulichen, die in der x-y-Ebene durch die Punkte Q(4,0,0) und R(0,4,0) verläuft.

Gesucht ist jetzt der höchste Punkt (der größte Funktionswert z=f(x,y)) auf der Mantelfläche des Paraboloids, der senkrecht oberhalb der Geraden liegt, die durch die Nebenbedingung bestimmt wird.

Lösung der Übungsaufgabe:

Zur Bestimmung der Lösung mit Hilfe des Lagrange-Verfahrens folgen wir dem obigen Schema.

1. Identifikation von Zielfunktion und Restriktion der Problemstellung

Die Zielfunktion und die Restriktion sind gemäß der Aufgabenstellung bereits gegeben.

Zielfunktion: $$f(x,y) = 10 - x^2 - y^2$$

Nebenbedingung in der Form $g(x,y) = 0$:

$$g(x,y) = 4 - x - y = 0$$

2. Aufstellen der Lagrange-Funktion

Die Lagrange-Funktion setzt sich aus der Zielfunktion f(x,y), welche maximiert werden soll, und der Nebenbedingung zusammen. Vor der gleich Null gesetzten Nebenbedingung steht der Lagrangemultiplikator λ.

$$L(x,y,\lambda) = 10 - x^2 - y^2 + \lambda \cdot [4 - x - y]$$

3. Bestimmung der partiellen Ableitungen erster Ordnung

$$L'_x(x,y,\lambda) = -2x - \lambda$$

$$L'_y(x,y,\lambda) = -2y - \lambda$$

$$L'_\lambda(x,y,\lambda) = 4 - x - y$$

4. Aufstellen eines Gleichungssystems durch Nullsetzen der partiellen Ableitungen

Das dazugehörige Gleichungssystem hat folgende Gestalt:

$$I. L'_x(x,y,\lambda) = -2x - \lambda = 0$$

$$II. L'_y(x,y,\lambda) = -2y - \lambda = 0$$

$$III. L'_\lambda(x,y,\lambda) = 4 - x - y = 0$$

5. Lösen des Gleichungssystems. Die Lösungen geben die Stellen an, an denen die Extremwerte liegen können

Für die Lösung des Gleichungssystems werden zunächst die I. und II. Gleichung nach λ aufgelöst. Es ergibt sich folgende Darstellung:

$$I. \ \lambda = -2x$$

$$II. \ \lambda = -2y$$

Durch Gleichsetzen der beiden Gleichungen ergibt sich:

$$-2y = -2x$$

oder:

$$y = x$$

Diese Aussage wird nun in die III. Gleichung eingesetzt:

$$4 - x - x = 0$$

Daraus folgt unmittelbar:

$$x^* = 2$$

$$y^* = 2$$

$$\lambda^* = -4$$

Die Lösung ist der Punkt (2,2) in der x-y-Ebene. Der Funktionswert, der zu diesen Koordinaten gehört, ist f (2,2) = 8. Das bedeutet, dass sich der maximale Wert auf der Zielfunktion unter Einhaltung der Nebenbedingung an der Stelle P(2,2,2) befindet. Die Lösung des Lagrange-Multiplikators $\lambda^* = -4$ besagt, dass bei marginaler Veränderung des y-Achsenabschnitts der Nebenbedingung der Wert der Zielfunktion um 4 Einheiten sinkt.

2.3 Übungsaufgabe 3

Gegeben sei eine Zielfunktion f(x,y), die unter Berücksichtigung einer Nebenbedingung zu optimieren ist. (Optimieren ist hier als Maximieren bzw. Minimieren zu verstehen.)

Zielfunktion: $\quad f(x,y) = 2x + 3y + 5$

Nebenbedingung: $\quad 2x^2 + y^2 = 275$

Lösungsweg zur Übungsaufgabe:

1. Identifikation von Zielfunktion und Restriktion der Problemstellung

Laut Aufgabenstellung sind Zielfunktion und Nebenbedingung (Restriktion) bereits gegeben.

Zielfunktion: $\quad f(x,y) = 2x + 3y + 5$

Nebenbedingung: $\quad 2x^2 + y^2 = 275$

2. Aufstellen der Lagrange-Funktion

$$L(x,y,\lambda) = \underbrace{2x + 3y + 5}_{\text{Zielfunktion}} + \underbrace{\lambda}_{\substack{\text{Lagrange-}\\\text{Multiplikator}}} \cdot \underbrace{\left[275 - 2x^2 - y^2\right]}_{\text{Nebenbedingung}}$$

3. Bestimmung der partiellen Ableitungen erster Ordnung

$$L'_x(x,y,\lambda) = 2 - 4\lambda x$$

$$L'_y(x,y,\lambda) = 3 - 2\lambda y$$

$$L'_\lambda(x,y,\lambda) = 275 - 2x^2 - y^2$$

4. Aufstellen eines Gleichungssystems durch Nullsetzen der partiellen Ableitungen

$$I. \quad L'_x(x,y,\lambda) = 2 - 4\lambda x = 0$$

$$II. \quad L'_y(x,y,\lambda) = 3 - 2\lambda y = 0$$

$$III. \quad L'_\lambda(x,y,\lambda) = 275 - 2x^2 - y^2 = 0$$

5. Lösen des Gleichungssystems. Die Lösungen geben die Stellen an, an denen die Extremwerte liegen können

Zunächst werden die Gleichungen I und II umgestellt und dann durch einander dividiert:

$$I. \quad 2 = 4\lambda x$$

$$II. \quad 3 = 2\lambda y$$

Die Gleichungen I und II werden durch einander dividiert:

$$\frac{2}{3} = \frac{4\lambda x}{2\lambda y}$$

Nach dem Kürzen des Lagrange-Multiplikators ergibt sich die folgende Gleichung:

$$\frac{2}{3} = \frac{2x}{y}$$

oder in der Schreibweise:

$$y = 3x$$

Das bedeutet, dass sich alle möglichen Lösungen auf der Geraden y = 3x befinden müssen. Um alle möglichen Lösungen zu finden, wird dieses y in die III. Gleichung eingesetzt. Man erhält:

$$275 - 2x^2 - (3x)^2 = 0$$

$$275 - 2x^2 - 9x^2 = 0$$

$$275 - 11x^2 = 0$$

$$75 = 11x^2$$

$$275 = 11x^2$$

$$x^2 = 25$$

$$x^* = \pm 5$$

Die Lösung für $x^* = \pm 5$ wird nun in die Gleichung $y = 3x$ eingesetzt.

Somit erhalten wir zwei Lösungen:

$$x_1^* = +5 \text{ und } y_1^* = +15 \text{ mit } \lambda_1^* = 0{,}1$$

sowie

$$x_2^* = -5 \text{ und } y_2^* = -15 \text{ mit } \lambda_2^* = -0{,}1$$

Wie lässt sich das soeben errechnete Ergebnis interpretieren ?

Die Lösung des Optimierungsproblems besteht geometrisch aus zwei Punkten:

$$P_1(5; 15) \text{ und } P_2(-5; -15)$$

Diese Punkte lassen sich im dreidimensionalen Raum wiederfinden.

Stellen Sie sich vor, dass die Zielfunktion eine schiefe Ebene im dreidimensionalen Raum darstellt. Die Nebenbedingung stellt geometrisch eine Ellipse dar, welche sich in der x-y-Ebene befindet.

Im Rahmen der Aufgabenstellung unserer Übungsaufgabe werden jetzt alle Punkte gesucht, die auf der gegebenen Ellipse liegen und gleichzeitig den höchsten bzw. niedrigsten Funktionswert im Hinblick auf die Zielfunktion f(x,y) annehmen.

Der Punkt $P_1(5; 15)$ liegt auf der gegebenen Ellipse und führt bezüglich der Zielfunktion zu einem Wert von f(5;15) = 60.

Der Punkt $P_2(-5; -15)$ liegt ebenfalls auf der gegebenen Ellipse und führt im Hinblick auf die Zielfunktion zu einem Funktionswert von f(-5;-15) = -50.

Damit stellen die beiden Lösungen die globalen/absoluten Extrempunkte bezogen auf unsere Aufgabe dar. (Auf eine formale Herleitung der hinreichenden Kriterien für globale/lokale Extremstellen wird hier bewusst verzichtet.)

2.4 Übungsaufgabe 4

Gegeben sei eine Zielfunktion f(x,y), die unter Berücksichtigung einer Nebenbedingung zu optimieren ist. (Optimieren ist hier als Maximieren bzw. Minimieren zu verstehen.)

Zielfunktion: $\quad f(x,y) = 4x + 12y$

Nebenbedingung: $\quad x^2 + 2y^2 = 22$

Lösungsweg zur Übungsaufgabe:

1. Identifikation von Zielfunktion und Restriktion der Problemstellung

Laut Aufgabenstellung sind Zielfunktion und Nebenbedingung (Restriktion) bereits gegeben.

Zielfunktion: $\quad f(x,y) = 4x + 12y$

Nebenbedingung: $\quad x^2 + 2y^2 = 22$

2. Aufstellen der Lagrange-Funktion

$$L(x,y,\lambda) = \underbrace{4x + 12y}_{\text{Zielfunktion}} + \underbrace{\lambda}_{\substack{\text{Lagrange-}\\\text{Multiplikator}}} \cdot \underbrace{\left[22 - x^2 - 2y^2\right]}_{\text{Nebenbedingung}}$$

3. Bestimmung der partiellen Ableitungen erster Ordnung

$$L'_x(x,y,\lambda) = 4 - 2\lambda x$$

$$L'_y(x,y,\lambda) = 12 - 4\lambda y$$

$$L'_\lambda(x,y,\lambda) = 22 - x^2 - 2y^2$$

4. Aufstellen eines Gleichungssystems durch Nullsetzen der partiellen Ableitungen

$$I. \quad L'_x(x,y,\lambda) = 4 - 2\lambda x = 0$$

$$II. \quad L'_y(x,y,\lambda) = 12 - 4\lambda y = 0$$

$$III. \quad L'_\lambda(x,y,\lambda) = 22 - x^2 - 2y^2 = 0$$

5. Lösen des Gleichungssystems. Die Lösungen geben die Stellen an, an denen die Extremwerte liegen können

Zunächst werden die Gleichungen I und II umgestellt und dann durcheinander dividiert:

$$I. \quad 4 = 2\lambda x$$

$$II. \quad 12 = 4\lambda y$$

Die Gleichungen I und II werden durch einander dividiert:

$$\frac{4}{12} = \frac{2\lambda x}{4\lambda y}$$

Nach dem Kürzen des Lagrange-Multiplikators ergibt sich die folgende Gleichung:

$$\frac{1}{3} = \frac{2x}{4y}$$

oder in der Schreibweise:

$$4y = 6x$$

$$y = \frac{3}{2}x$$

Das bedeutet, dass sich alle möglichen Lösungen auf der Geraden y = 1,5x befinden müssen. Um alle möglichen Lösungen zu finden, wird dieses y in die III. Gleichung eingesetzt. Man erhält:

$$22 - x^2 - 2(\frac{3}{2}x)^2 = 0$$

$$22 - x^2 - 2 \cdot \frac{9}{4}x^2 = 0$$

$$22 - x^2 - \frac{9}{2}x^2 = 0$$

$$22 - \frac{11}{2}x^2 = 0$$

$$22 = \frac{11}{2}x^2$$

$$x^2 = 4$$

$$x^* = \pm 2$$

Die Lösung für $x^* = \pm 2$ wird nun in die Gleichung $y = \frac{3}{2}x$ eingesetzt.

Somit erhalten wir zwei Lösungen:

$$x_1^* = +2 \text{ und } y_1^* = +3 \text{ mit } \lambda_1^* = 1$$

sowie

$$x_2^* = -2 \text{ und } y_2^* = -3 \text{ mit } \lambda_2^* = -1$$

Wie lässt sich das soeben errechnete Ergebnis interpretieren?

Die Lösung des Optimierungsproblems besteht geometrisch aus zwei Punkten:

$$P_1(2; 3) \text{ und } P_2(-2; -3)$$

Diese Punkte lassen sich im dreidimensionalen Raum wiederfinden.

Stellen Sie sich vor, dass die Zielfunktion eine schiefe Ebene im dreidimensionalen Raum darstellt. Die Nebenbedingung stellt geometrisch eine Ellipse dar, welche sich in der x-y-Ebene befindet.

Im Rahmen der Aufgabenstellung unserer Übungsaufgabe werden jetzt alle Punkte gesucht, die auf der gegebenen Ellipse liegen und gleichzeitig den höchsten bzw. niedrigsten Funktionswert im Hinblick auf die Zielfunktion f(x,y) annehmen.

Der Punkt $P_1(2;3)$ liegt auf der gegebenen Ellipse und führt im Hinblick auf die Zielfunktion zu einem Wert von f(2;3) = 44.

Der Punkt $P_2(-2;-3)$ liegt ebenfalls auf der gegebenen Ellipse und führt im Hinblick auf die Zielfunktion zu einem Funktionswert von f(-2;-3) = -44.

Damit stellen die beiden Lösungen die globalen/absoluten Extrempunkte bezogen auf unsere Aufgabe dar. (Auf eine formale Herleitung der hinreichenden Kriterien für globale/lokale Extremstellen wird hier bewusst verzichtet.)

3. Mikroökonomische Anwendungen

In der volkswirtschaftlichen Mikroökonomie trifft man sehr häufig auf das ökonomische Prinzip, welches sich in zwei Ausprägungen darstellt:

Maximalprinzip:

In der Haushaltstheorie geht es um die Maximierung des Nutzens bei einem gegebenem Einkommen und gegebenen Preisen der Konsumgüter. Mit Hilfe des Lagrange-Verfahrens lassen sich die Konsummengen der Güter bestimmen, die diese Anforderungen erfüllen (Nutzenmaximierung).

In der Unternehmenstheorie steht das Unternehmen vor der Frage, welche Faktormengen einzusetzen sind, um einen maximalen Output zu produzieren. Dabei ist die Produktionstechnologie in Form einer Produktionsfunktion gegeben. Weiterhin sind die Faktorpreise gegeben (Maximalproduktkombination).

Minimalprinzip:

Alternativ trifft man in der Haushaltstheorie auf die Ausgabenminimierung des Haushalts. Bei einem gegebenen Nutzenniveau geht es um die Wahl der Konsummengen der Güter, die bei gegebenen Güterpreisen zu minimalen Ausgaben führen (Ausgabenminimierung).

In der Unternehmenstheorie taucht die Frage nach minimalen Kosten auf, wenn es um die Bestimmung der Faktoreinsatzmengen bei gegebenen Faktorpreisen geht und die Outputmengen sowie die Produktionsfunktion gegeben sind (Minimalkostenkombination).

3.1 Anwendungen der Haushaltstheorie

3.1.1 Nutzenmaximierung

Gegeben sei ein Haushalt mit der Nutzenfunktion

$$U(x,y) = x^{0,4} \cdot y^{0,6}$$

Dabei steht U(…) für *utility* und repräsentiert den Nutzen, den der Konsum der Gütermengen x und y dem Haushalt stiftet. Weiter ist das Einkommen in Höhe von 100 € gegeben, welches der Haushalt komplett für den Konsum der beiden Güter x und y ausgibt. Es wird nicht gespart. Die Güterpreise für eine Einheit der Güter x und y sind mit 8 € und 3 € ebenfalls gegeben.

Gesucht sind die Gütermengen x und y, die beim Haushalt zu maximalem Nutzen unter Berücksichtigung der Güterpreise sowie des Haushaltseinkommens führen.

Im Hinblick auf die Lösung dieser Übungsaufgabe sind zunächst die Zielfunktion und die Nebenbedingung zu bestimmen.
Wir nehmen hier das Lösungsschema des Lagrange-Verfahrens, welches bereits erläutert worden ist, zur Hilfe.

1. Identifikation von Zielfunktion und Restriktion der Problemstellung

Da es sich bei dieser Übungsaufgabe um eine Maximierungsaufgabe handelt, stellt die Nutzenfunktion U(x,y) die Zielfunktion dar:

Zielfunktion: $\quad U(x,y) = x^{0,4} \cdot y^{0,6}$

Das Einkommen sowie die Ausgaben für die Gütermengen x und y stellen die Restriktion dieser Übungsaufgabe dar. Da vom

Einkommen des Haushalts nichts gespart wird, entsprechen die Ausgaben des Konsums dem Haushaltseinkommen:

Nebenbedingung: $\qquad 8x + 3y = 100$

Alternative Schreibweise: $\qquad 100 - 8x - 3y = 0$

2. Aufstellen der Lagrange-Funktion

Aus der Kombination von Zielfunktion und Nebenbedingung lässt sich die Lagrange-Funktion erstellen:

$$L(x, y, \lambda) = \underbrace{x^{0,4} \cdot y^{0,6}}_{\text{Zielfunktion}} + \underbrace{\lambda}_{\substack{\text{Lagrange-}\\\text{Multiplikator}}} \cdot \underbrace{\left[100 - 8x - 3y\right]}_{\text{Nebenbedingung}}$$

3. Bestimmung der partiellen Ableitungen erster Ordnung

Jetzt werden die partiellen Ableitungen 1. Ordnung aller Variablen der Lagrange-Funktion gebildet.

$$L'_x(x, y, \lambda) = 0{,}4x^{-0,6}y^{0,6} - 8\lambda$$

$$L'_y(x, y, \lambda) = 0{,}6x^{0,4}y^{-0,4} - 3\lambda$$

$$L'_\lambda(x, y, \lambda) = 100 - 8x - 3y$$

4. Aufstellen eines Gleichungssystems durch Nullsetzen der partiellen Ableitungen

$$I.\, L'_x(x,y,\lambda) = 0{,}4x^{-0,6}y^{0,6} - 8\lambda = 0$$

$$II.\, L'_y(x,y,\lambda) = 0{,}6x^{0,4}y^{-0,4} - 3\lambda = 0$$

$$III.\, L'_\lambda(x,y,\lambda) = 100 - 8x - 3y = 0$$

5. Lösen des Gleichungssystems. Die Lösungen geben die Stellen an, an denen die Extremwerte liegen können

Die Gleichungen I. und II. werden jeweils durch einander dividiert.

Es folgt:

$$\frac{0{,}4x^{-0,6}y^{0,6}}{0{,}6x^{0,4}y^{-0,4}} = \frac{8\lambda}{3\lambda}$$

Nach entsprechendem Kürzen und Anwendung der Potenzrechengesetze erhält man:

$$\frac{0{,}4y}{0{,}6x} = \frac{8}{3}$$

Nach Multiplikation der Gleichung mit $\frac{3}{8}$ erhält man:

$$\frac{y}{4x} = 1$$

oder:

$$y = 4x$$

Dieser Ausdruck wird in Gleichung III eingesetzt:

$$100 - 8x - 3 \cdot 4x = 0$$

$$100 - 20x = 0$$

$$x^* = 5$$

Dann folgt unmittelbar mit $y = 4x$:

$$y^* = 20$$

$$\lambda^* = 0{,}114 \ldots$$

Die Lösung der Übungsaufgabe legt nahe, dass der Haushalt die Gütermengen x = 5 und y = 20 konsumieren wird und damit ein Nutzenniveau von U(5,20) = 11,5 erreicht.

Der Lagrange-Multiplikator $\lambda^* = 0{,}114 \ldots$ lässt sich als Grenznutzen des Geldes interpretieren.

Das bedeutet, dass sich der gesamte Nutzen des Haushalts bei einer Steigerung des Einkommens um eine marginale Einheit um 0,114 Nutzeneinheiten erhöht.

3.1.2 Ausgabenminimierung

Die folgende Aufgabenstellung ist der Haushaltstheorie entnommen und beschäftigt sich mit dem Minimumprinzip.

Ausgehend von einem Haushalt, dessen Nutzenfunktion bekannt ist:

$$U(x,y) = 5 \cdot x^2 \cdot y$$

Ferner ist das Nutzenniveau des Haushalts gegeben. Das Nutzenniveau betrage 80 Einheiten. Die Güterpreise für eine Einheit der Güter x und y sind mit 6 € und 12 € ebenfalls gegeben. Es wird nicht gespart.

Gesucht sind also die Gütermengen x und y, die beim Haushalt zu minimalen Konsumausgaben unter Berücksichtigung der Güterpreise sowie des Nutzenniveaus führen.

Im Hinblick auf die Lösung dieser Übungsaufgabe sind zunächst die Zielfunktion und die Nebenbedingung zu bestimmen. Wir nehmen hier das Lösungsschema des Lagrange-Verfahrens, welches bereits erläutert worden ist, zur Hilfe.

1. Identifikation von Zielfunktion und Restriktion der Problemstellung

Da es sich bei dieser Übungsaufgabe um eine Minimierungsaufgabe handelt, stellt die Ausgabenfunktion C(x,y) die Zielfunktion dar:

Zielfunktion: $\quad C(x,y) = p_1 \cdot x + p_2 \cdot y$

Die Ausgaben des Haushalts setzen sich aus den Preisen der konsumierten Konsumgüter sowie deren Konsummengen zusammen.

Zielfunktion: $\qquad C(x,y) = 6 \cdot x + 12 \cdot y$

Als Nebenbedingung ist die Indifferenzkurve zu wählen, die das jeweilige Nutzenniveau des Haushalts beschreibt. Das gewählte Nutzenniveau des Haushalts ist hier mit 80 Einheiten vorgegeben.

Nebenbedingung: $\qquad U(x,y) = 5 \cdot x^2 \cdot y = 80$

Alternative Schreibweise: $\qquad 80 - 5 \cdot x^2 \cdot y = 0$

2. Aufstellen der Lagrange-Funktion

Aus der Kombination von Zielfunktion und Nebenbedingung lässt sich die Lagrange-Funktion erstellen:

$$L(x,y,\lambda) = \underbrace{6 \cdot x + 12 \cdot y}_{\text{Zielfunktion}} + \underbrace{\lambda}_{\substack{\text{Lagrange-}\\\text{Multiplikator}}} \cdot \underbrace{\left[80 - 5 \cdot x^2 \cdot y\right]}_{\text{Nebenbedingung}}$$

3. Bestimmung der partiellen Ableitungen erster Ordnung

Jetzt werden die partiellen Ableitungen 1. Ordnung aller Variablen der Lagrange-Funktion gebildet.

$$L'_x(x,y,\lambda) = 6 - 10xy\lambda$$

$$L'_y(x,y,\lambda) = 12 - 5x^2\lambda$$

$$L'_\lambda(x,y,\lambda) = 80 - 5 \cdot x^2 \cdot y$$

4. Aufstellen eines Gleichungssystems durch Nullsetzen der partiellen Ableitungen

$$I.\ L'_x(x,y,\lambda) = 6 - 10xy\lambda = 0$$

$$II.\ L'_y(x,y,\lambda) = 12 - 5x^2\lambda = 0$$

$$III.\ L'_\lambda(x,y,\lambda) = 80 - 5 \cdot x^2 \cdot y = 0$$

5. Lösen des Gleichungssystems. Die Lösungen geben die Stellen an, an denen die Extremwerte liegen können

Die Gleichungen I. und II. werden jeweils durcheinander dividiert.

Es folgt:

$$\frac{6}{12} = \frac{10xy\lambda}{5x^2\lambda}$$

Nach entsprechendem Kürzen und trivialen Umformungen erhält man:

$$\frac{1}{2} = \frac{2y}{x}$$

Nach Multiplikation der Gleichung mit x erhält man:

$$\frac{1}{2}x = 2y$$

Nach Multiplikation beider Seiten der Gleichung mit 2 erhält man:

$$x = 4y$$

Dieser Ausdruck wird in Gleichung III eingesetzt:

$$80 - 5 \cdot (4y)^2 \cdot y = 0$$

$$80 - 5 \cdot 16 \cdot y^2 \cdot y = 0$$

$$80 - 80 \cdot y^3 = 0$$

$$1 - 1 \cdot y^3 = 0$$

$$y^* = 1$$

Dann folgt unmittelbar mit $x = 4y$:

$$x^* = 4$$

$$\lambda^* = 0{,}15$$

Die Lösung der Übungsaufgabe legt nahe, dass der Haushalt die Gütermengen x = 4 und y = 1 konsumieren wird und damit bei einem Nutzenniveau von 80 Einheiten Konsumausgaben von

$$C(4,1) = 6 \cdot 4 + 12 \cdot 1 = 36$$

36 € haben wird.

3.2 Anwendungen der Unternehmenstheorie

3.2.1 Maximalproduktkombination

Die folgende Übungsaufgabe ist der volkswirtschaftlichen Unternehmenstheorie zuzuordnen. Dabei geht es um die Fragestellung, inwieweit ein Unternehmen bei gegebenem Kostenbudget und gegebenen Faktorpreisen einen maximalen Output erzeugen kann, wenn man eine substitutionale Produktionstechnologie unterstellt. Substitutional bedeutet, dass die eingesetzten Produktionsfaktoren zumindest in gewissen Bereichen durch einander ersetzt werden können.

Gesucht sind hier zunächst die Faktoreinsatzmengen, aus denen sich dann über die Produktionsfunktion der produzierte Output bestimmen lässt.

Das betrachtete Unternehmen habe ein Kostenbudget von 64 €. Die Faktorpreise liegen für Faktor 1 bei 4 € und bei Faktor 2 bei 1 €.

Die Produktionsfunktion sei gegeben mit:

$$x(r_1, r_2) = \frac{5}{4} \cdot r_1^{0,5} \cdot r_2^{0,5}$$

Für die Bestimmung der Lösung greifen wir auf das bekannte Lösungsschema zurück.

1. Identifikation von Zielfunktion und Restriktion der Problemstellung

Da es sich bei dieser Übungsaufgabe um eine Maximierungsaufgabe handelt, stellt die Produktionsfunktion die Zielfunktion dar:

Zielfunktion: $\quad x(r_1, r_2) = \frac{5}{4} \cdot r_1^{0,5} \cdot r_2^{0,5}$

Die Kosten, die im Rahmen der Produktion entstehen, setzen sich aus den Faktorpreisen q_i multipliziert mit den Faktormengen r_i (mit i=1,2) zusammen. Bei gegebenen Faktorpreisen von q_1=4 und q_2=1 ergibt sich die Kostenfunktion in Abhängigkeit von den Faktormengen:

$$K(r_1, r_2) = 4r_1 + 1r_2$$

Das Kostenbudget soll 64 € betragen. Damit ergibt sich folgende Gleichung:

Nebenbedingung: $\quad 64 = 4r_1 + 1r_2$

Alternative Schreibweise: $\quad 64 - 4r_1 - 1r_2 = 0$

2. Aufstellen der Lagrange-Funktion

Aus der Kombination von Zielfunktion und Nebenbedingung lässt sich die Lagrange-Funktion erstellen:

$$L(r_1, r_2, \lambda) = \underbrace{\frac{5}{4} \cdot r_1^{0,5} \cdot r_2^{0,5}}_{\text{Zielfunktion}} + \underbrace{\lambda}_{\substack{\text{Lagrange-}\\\text{Multiplikator}}} \cdot \underbrace{\left[64 - 4r_1 - 1r_2\right]}_{\text{Nebenbedingung}}$$

3. Bestimmung der partiellen Ableitungen erster Ordnung

Jetzt werden die partiellen Ableitungen 1. Ordnung aller Variablen der Lagrange-Funktion gebildet.

$$L'_{r_1}(r_1, r_2, \lambda) = \frac{5}{8} \cdot r_1^{-0,5} \cdot r_2^{0,5} - 4\lambda$$

$$L'_{r_2}(r_1, r_2, \lambda) = \frac{5}{8} \cdot r_1^{0,5} \cdot r_2^{-0,5} - 1\lambda$$

$$L'_{\lambda}(r_1, r_2, \lambda) = 64 - 4r_1 - 1r_2$$

4. Aufstellen eines Gleichungssystems durch Nullsetzen der partiellen Ableitungen

$$I.\ L'_{r_1}(r_1, r_2, \lambda) = \frac{5}{8} \cdot r_1^{-0,5} \cdot r_2^{0,5} - 4\lambda = 0$$

$$II.\ L'_{r_2}(r_1, r_2, \lambda) = \frac{5}{8} \cdot r_1^{0,5} \cdot r_2^{-0,5} - 1\lambda = 0$$

$$III.\ L'_{\lambda}(r_1, r_2, \lambda) = 64 - 4r_1 - 1r_2 = 0$$

5. Lösen des Gleichungssystems. Die Lösungen geben die Stellen an, an denen die Extremwerte liegen können

Die Gleichungen I. und II. werden jeweils durch einander dividiert.

Es folgt:

$$\frac{\frac{5}{8} \cdot r_1^{-0,5} \cdot r_2^{0,5} \cdot \lambda}{\frac{5}{8} \cdot r_1^{0,5} \cdot r_2^{-0,5} \cdot \lambda} = \frac{4}{1}$$

Nach entsprechendem Kürzen und Anwendung der Potenzrechengesetze erhält man:

$$\frac{r_2}{r_1} = \frac{4}{1}$$

Nach Multiplikation der Gleichung mit r_1 erhält man:

$$r_2 = 4r_1$$

Diese Gleichung gibt das Verhältnis der Faktorinputmengen unabhängig von der Produktionsmenge an. Das bedeutet, dass jeweils viermal mehr Faktormengen von r_2 als von r_1 benötigt werden. Zur Bestimmung der Faktorinputmengen für unser konkretes Kostenbudget setzen wir das Faktorinputverhältnis in die III. Gleichung ein.

Dieser Ausdruck wird in Gleichung III eingesetzt:

$$64 - 4r_1 - 1r_2 = 0$$

$$64 - 4r_1 - 4r_1 = 0$$

$$64 - 8r_1 = 0$$

$$r_1^* = 8$$

Da die Faktoreinsatzmenge für r₂ viermal höher ist, ergibt sich

$$r_2^* = 32$$

Ohne weitere Herleitung geben wir die Lösung für den Lagrange Multiplikator hier an:

$$\lambda^* = 3{,}2$$

Jetzt lässt sich die Frage nach der maximalen Produktionsmenge beantworten. Setzt man die errechneten Faktormengen in die Zielfunktion ein, ergeben sich der Output der Produktion:

Produktionsfunktion als Zielfunktion: $\quad x(r_1, r_2) = \frac{5}{4} \cdot r_1^{0,5} \cdot r_2^{0,5}$

Maximale Produktionsmenge: $\quad x(8, 32) = \frac{5}{4} \cdot 8^{0,5} \cdot 32^{0,5} = 20$

Die maximale Produktionsmenge bei einem Kostenbudget von 64 € liegt bei 20 Mengeneinheiten, wobei vom ersten Faktor 8 Einheiten und vom zweiten Faktor 32 Einheiten für die Produktion benötigt werden.

3.2.2 Minimalkostenkombination

Gegeben sei ein Unternehmen mit der substitutionalen Produktionsfunktion

$$x(r_1, r_2) = \frac{5}{4} \cdot r_1^{0,5} \cdot r_2^{0,5}$$

Die Variable x(...) steht dabei für die Produktionsmenge, die durch den Einsatz an Faktormengen r_1 und Faktormengen r_2 produziert wird. Darüber hinaus ist die Produktionsmenge in Höhe von 20 Mengeneinheiten gegeben. Die Faktorpreise q_1 und q_2 betragen 4 € und 1 €.

Gesucht sind die minimalen Kosten, die für die Produktion von 20 ME anfallen.

Zunächst sind also die Faktoreinsatzmengen r_1 und r_2 zu bestimmen.

Wir verwenden für die Lösung das Schema des Lagrange-Verfahrens.

1. Identifikation von Zielfunktion und Restriktion der Problemstellung

Da es sich bei dieser Übungsaufgabe um eine Minimierungsaufgabe handelt, stellt die Kostenfunktion die Zielfunktion dar. Die Kosten, die im Rahmen der Produktion entstehen, setzen sich aus den Faktorpreisen q_i multipliziert mit den Faktormengen r_i (mit i=1,2) zusammen. Damit ergibt sich folgende Zielfunktion:

Zielfunktion: $\qquad K(r_1, r_2) = 4r_1 + 1r_2$

Die Produktionsmenge von 20 ME sowie die Produktionsfunktion stellen die Nebenbedingung dar. Durch Gleichsetzen beider Größen erhalten wir den folgenden Ausdruck:

Nebenbedingung: $\quad 20 = \frac{5}{4} \cdot r_1^{0,5} \cdot r_2^{0,5}$

Alternative Schreibweise: $\quad 20 - \frac{5}{4} \cdot r_1^{0,5} \cdot r_2^{0,5} = 0$

2. Aufstellen der Lagrange-Funktion

Aus der Kombination von Zielfunktion und Nebenbedingung lässt sich die Lagrange-Funktion erstellen:

$$L(r_1, r_2, \lambda) = \underbrace{4r_1 + 1r_2}_{\text{Zielfunktion}} + \underbrace{\lambda}_{\substack{\text{Lagrange-}\\\text{Multiplikator}}} \cdot \underbrace{\left[20 - \frac{5}{4} \cdot r_1^{0,5} \cdot r_2^{0,5}\right]}_{\text{Nebenbedingung}}$$

3. Bestimmung der partiellen Ableitungen erster Ordnung

Jetzt werden die partiellen Ableitungen 1. Ordnung aller Variablen der Lagrange-Funktion gebildet.

$$L'_{r_1}(r_1, r_2, \lambda) = 4 - \frac{5}{8} \cdot r_1^{-0,5} \cdot r_2^{0,5} \cdot \lambda$$

$$L'_{r_2}(r_1, r_2, \lambda) = 1 - \frac{5}{8} \cdot r_1^{0,5} \cdot r_2^{-0,5} \cdot \lambda$$

$$L'_\lambda(r_1, r_2, \lambda) = 20 - \frac{5}{4} \cdot r_1^{0,5} \cdot r_2^{0,5}$$

4. Aufstellen eines Gleichungssystems durch Nullsetzen der partiellen Ableitungen

$$I.\ L'_{r_1}(r_1, r_2, \lambda) = 4 - \frac{5}{8} \cdot r_1^{-0,5} \cdot r_2^{0,5} \cdot \lambda = 0$$

$$II.\ L'_{r_2}(r_1, r_2, \lambda) = 1 - \frac{5}{8} \cdot r_1^{0,5} \cdot r_2^{-0,5} \cdot \lambda = 0$$

$$III.\ L'_{\lambda}(r_1, r_2, \lambda) = 20 - \frac{5}{4} \cdot r_1^{0,5} \cdot r_2^{0,5} = 0$$

5. Lösen des Gleichungssystems. Die Lösungen geben die Stellen an, an denen die Extremwerte liegen können

Die Gleichungen I. und II. werden jeweils durch einander dividiert.

Es folgt:

$$\frac{4}{1} = \frac{\frac{5}{8} \cdot r_1^{-0,5} \cdot r_2^{0,5} \cdot \lambda}{\frac{5}{8} \cdot r_1^{0,5} \cdot r_2^{-0,5} \cdot \lambda}$$

Nach entsprechendem Kürzen und Anwendung der Potenzrechengesetze erhält man:

$$\frac{4}{1} = \frac{r_2}{r_1}$$

Nach Multiplikation der Gleichung mit r₁ erhält man:

$$r_2 = 4r_1$$

Diese Gleichung gibt das Verhältnis der Faktorinputmengen unabhängig von der Produktionsmenge an. Das bedeutet, dass jeweils viermal mehr Faktormengen von r₂ als von r₁ benötigt werden.

Zur Bestimmung der Faktorinputmengen für unsere konkrete Produktionsmenge setzen wir das Faktorinputverhältnis in die III. Gleichung ein.

Dieser Ausdruck wird in Gleichung III eingesetzt:

$$20 - \frac{5}{4} \cdot r_1^{0,5} \cdot (4 \cdot r_1)^{0,5} = 0$$

$$20 - \frac{5}{4} \cdot r_1^{0,5} \cdot 2 \cdot r_1^{0,5} = 0$$

$$20 - \frac{10}{4} \cdot r_1 = 0$$

$$r_1^* = 8$$

Da die Faktoreinsatzmenge für r₂ viermal höher ist, ergibt sich

$$r_2^* = 32$$

Ohne weitere Nebenrechnung geben wir die Lösung für den Lagrange-Multiplikator λ^* an:

$$\lambda^* = 3,2$$

Der Lagrange-Multiplikator gibt an, inwieweit sich die Kosten der Produktion erhöhen, sofern die Produktionsmenge um eine Einheit steigt. Hier steigen die Produktionskosten mit jeder weiteren Produktionsmenge um 3,20 €.

Jetzt lässt sich die Frage nach den minimalen Produktionskosten beantworten. Setzt man die Faktormengen in die Zielfunktion ein, ergeben sich die Gesamtkosten der Produktion:

Kostenfunktion als Zielfunktion: $K(r_1, r_2) = 4r_1 + 1r_2$

Produktionskosten: $K(8,32) = 4 \cdot 8 + 1 \cdot 32 = 64$

Die Produktionskosten bei der Produktion von 20 ME liegen bei 64 €, wobei vom ersten Faktor 8 Einheiten und vom zweiten Faktor 32 Einheiten benötigt werden.

4. Praktische Anwendungen aus der Geometrie

4.1 Optimierung der Fläche eines Blumenbeetes

Übungsaufgabe

Aus einer kreisförmigen Rasenfläche mit dem Durchmesser von 10 Metern soll eine rechteckige Fläche für ein Blumenbeet ausgestochen werden. Für welche Seitenlängen wird der Flächeninhalt des Rechtecks maximal?

Lösungsweg:

Bevor wir uns der eigentlichen Lösung des Optimierungsproblems nähern, ist zu klären, wie sich die rechteckige Fläche hier berechnen lässt.

Die Seitenlängen des gesuchten Rechtecks seien mit x bzw. y abgekürzt. Das Rechteck wird innerhalb des gegebenen Kreises so platziert, dass die Diagonale des Rechtecks dem Durchmesser des Kreises entspricht. Dann gilt im Hinblick auf die betrachteten Dreiecksseiten nach dem Satz des Pythagoras, dass die Summe der Flächen der Kathetenquadrate der Fläche des Hypothenusenquadrates entspricht. Formal entspricht das folgendem Ausdruck:

$$10^2 = x^2 + y^2$$

Alternativ:

$$100 - x^2 - y^2 = 0$$

Die zu bestimmende Rechteckfläche A soll maximal werden, so dass die beiden Seitenlänge x und y zu multiplizieren sind.

$$A = x \cdot y$$

1. Identifikation von Zielfunktion und Restriktion der Problemstellung

Nach der Aufgabenstellung ist eine maximale Rechteckfläche A innerhalb des Kreises gesucht. Damit lautet die Zielfunktion:

Zielfunktion: $\qquad A = x \cdot y$

Die Nebenbedingung wird durch den Zusammenhang des Kreisdurchmesser von 10 m und den Seitenlängen des Rechtecks bestimmt:

Nebenbedingung: $\qquad 100 - x^2 - y^2 = 0$

2. Aufstellen der Lagrange-Funktion

Aus der Kombination von Zielfunktion und Nebenbedingung lässt sich die Lagrange-Funktion erstellen:

$$L(x, y, \lambda) = \underbrace{x \cdot y}_{\text{Zielfunktion}} + \underbrace{\lambda}_{\substack{\text{Lagrange-}\\\text{Multiplikator}}} \cdot \underbrace{\left[100 - x^2 - y^2\right]}_{\text{Nebenbedingung}}$$

3. Bestimmung der partiellen Ableitungen erster Ordnung

Jetzt werden die partiellen Ableitungen 1. Ordnung aller Variablen der Lagrange-Funktion gebildet.

$$L'_x(x, y, \lambda) = y - 2\lambda x$$

$$L'_y(x,y,\lambda) = x - 2\lambda y$$

$$L'_\lambda(x,y,\lambda) = 100 - x^2 - y^2$$

4. Aufstellen eines Gleichungssystems durch Nullsetzen der partiellen Ableitungen

$$I. L'_x(x,y,\lambda) = y - 2\lambda x = 0$$

$$II. L'_y(x,y,\lambda) = x - 2\lambda y = 0$$

$$III. L'_\lambda(x,y,\lambda) = 100 - x^2 - y^2 = 0$$

5. Lösen des Gleichungssystems. Die Lösungen geben die Stellen an, an denen die Extremwerte liegen können

Die Gleichungen I. und II. werden jeweils durch einander dividiert.

Es folgt:

$$\frac{y}{x} = \frac{2\lambda x}{2\lambda y}$$

Alternativ:

$$\frac{y}{x} = \frac{x}{y}$$

Das bedeutet, dass gilt:

$$x = y$$

Diese Identität wird in die III. Gleichung eingesetzt und ergibt die erste Lösung für x:

$$100 - x^2 - x^2 = 0$$

$$100 - 2x^2 = 0$$

$$x^2 = 50$$

$$x^* = \sqrt{50}$$

$$y^* = \sqrt{50}$$

Die Seitenlängen des Rechtecks sind identisch und haben eine Länge von $\sqrt{50}$. Es handelt sich folglich um ein quadratisches Blumenbeet mit einer Fläche von 50 m².

4.2 Optimierung bei der Konservendosenproduktion

Übungsaufgabe

Ein Hersteller von zylindrischen Konservendosen möchte den Materialverbrauch an Weißblech optimieren. Die zu produzierenden Konservendosen haben ein Volumen von 750 ml.

Welche Maße muß die Konservendose haben, damit der Materialverbrauch an Weißblech bei gegebenem Volumen minimal wird?

Lösungsweg:

Bevor wir uns der eigentlichen Lösung des Optimierungsproblems nähern, ist zu klären, wie sich Oberfläche und Volumen einer zylindrischen Dose berechnen lassen.

Zunächst besteht die Oberfläche eines Zylinders aus einem Boden und einem Deckel, deren Fläche als identisch anzusehen ist. Hinzu kommt die sogenannte Mantelfläche.

Die Berechnung der Oberfläche setzt sich daher wie folgt zusammen:

$$O = 2\pi r^2 + 2\pi r h$$

Dabei steht r für den Radius, h repräsentiert die Höhe des Zylinders und π gibt das Verhältnis von Umfang und Durchmesser bei einem Kreis wieder.

Für die Berechnung des Volumens eines zylindrischen Körpers gilt die folgende Formel:

$$V = \pi r^2 h$$

Wir verwenden für die Lösung das Schema des Lagrange-Verfahrens

1. Identifikation von Zielfunktion und Restriktion der Problemstellung

Nach der Aufgabenstellung ist eine minimale Oberfläche bei gegebenem Volumen gesucht. Daher stellt die Oberflächenformel die Zielfunktion dar:

Zielfunktion: $\quad O = 2\pi r^2 + 2\pi r h$

Das Volumen der Konservendose ist mit 750 ml gegeben. Daher bildet die Formel für das Volumen die Nebenbedingung:

Nebenbedingung: $\quad V = \pi r^2 h = 750$

Alternative Schreibweise: $\quad 750 - \pi r^2 h = 0$

2. Aufstellen der Lagrange-Funktion

Aus der Kombination von Zielfunktion und Nebenbedingung lässt sich die Lagrange-Funktion erstellen:

$$L(r, h, \lambda) = \underbrace{2\pi r^2 + 2\pi r h}_{\text{Zielfunktion}} + \underbrace{\lambda}_{\substack{\text{Lagrange-}\\\text{Multiplikator}}} \cdot \Big[\underbrace{750 - \pi r^2 h}_{\text{Nebenbedingung}}\Big]$$

3. Bestimmung der partiellen Ableitungen erster Ordnung

Jetzt werden die partiellen Ableitungen 1. Ordnung aller Variablen der Lagrange-Funktion gebildet.

$$L_r'(r, h, \lambda) = 4\pi r + 2\pi h - 2\pi r h \lambda$$

$$L_h'(r, h, \lambda) = 2\pi r - \pi r^2 \lambda$$

$$L_\lambda'(r, h, \lambda) = 750 - \pi r^2 h$$

4. Aufstellen eines Gleichungssystems durch Nullsetzen der partiellen Ableitungen

$$I.\ L_r'(r, h, \lambda) = 4\pi r + 2\pi h - 2\pi r h \lambda = 0$$

$$II.\ L_h'(r, h, \lambda) = 2\pi r - \pi r^2 \lambda = 0$$

$$III.\ L_\lambda'(r, h, \lambda) = 750 - \pi r^2 h = 0$$

5. Lösen des Gleichungssystems. Die Lösungen geben die Stellen an, an denen die Extremwerte liegen können

Die Gleichungen I. und II. werden jeweils durch einander dividiert.

Es folgt:

$$\frac{4\pi r + 2\pi h}{2\pi r} = \frac{2\pi r h \lambda}{\pi r^2 \lambda}$$

Nach entsprechendem Kürzen erhält man:

$$\frac{4r+2h}{2r}=\frac{2rh}{r^2}$$

Nach Multiplikation der Gleichung mit $2r^2$ erhält man:

$$4r^2+2rh=4rh$$

$$4r^2=2rh$$

$$h^*=2r$$

Das bedeutet, dass die Höhe des Zylinders dem zweifachen Radius bzw. dem Durchmesser entsprechen muss.

Dieser Ausdruck $h^*=2r$ wird in Gleichung III. eingesetzt:

$$750-\pi r^2 2r=0$$

$$750-2\pi r^3=0$$

$$r^3=\frac{750}{2\pi}$$

$$r^*=\sqrt[3]{\frac{750}{2\pi}}\approx 4{,}923\dots cm$$

Dann wird der Radius in die Formel der Höhenberechnung eingesetzt:

$$h^*=2\cdot r$$

$$h^* = 2 \cdot \sqrt[3]{\frac{750}{2\pi}} \approx 9{,}847 \ldots cm$$

Die Lösungen werden anhand einer Probe verifiziert:

$$V = \pi r^2 h = \pi \cdot \left(\sqrt[3]{\frac{750}{2\pi}}\right)^2 \cdot 2 \cdot \sqrt[3]{\frac{750}{2\pi}} = 750 \; cm^3$$

Ohne weitere Nebenrechnung geben wir die Lösung für den Lagrange-Multiplikator λ^* an:

$$\lambda^* = 0{,}406 \ldots$$

Der Lagrange-Multiplikator gibt an, um wie viel sich die Oberfläche der Konservendose vergrößert, wenn das Volumen um eine Volumeneinheit wächst.